上海科普图书创作出版专项资助项目

海底是漏的

主编 汪品先
编著 彭晓彤

少年儿童出版社

序言

对于人类来说，深海总是个谜。地球表面的主体，其实是深海不是陆地：水深超过2000米的深海，占据地球3/5的面积，可是人类进入深海，只有几十年的历史。几千年来，都以为深海没有光线，没有运动，没有生命，只会有鬼怪。几十年来才知道，黑暗的深海既有运动，又有生命。海底的火山比陆地多好几倍，深海的地壳运动和地形起伏都胜过陆地：马里亚纳海沟的深度，超过珠穆朗玛峰的高度两千多米。

那么海洋深处，哪里来的能量？来自地球的内部。地球内部的核裂变产生着巨大的能量，而大洋地壳薄，这种能量最容易从深海海底释放出来，或者通过岩浆作用从海底溢出，或者把渗入地壳的海水加热以后再喷出来。喷出来的物质和能量滋养着古怪的生物群，它们见不得阳光、碰不得氧气。所以地球上有两种生物圈、两个食物链：你我生活靠的是有光食物链，靠叶绿素进行光合作用制造有机物，所以说"万物生长靠太阳"，能量的来源是太阳里的核聚变，也就是氢弹的原理；而深海海底里的"黑暗食物链"，依靠细菌的化学合成作用制造有机物，源头是地球内部的核裂变，也就是原子弹的原理。

于是人类发现了一个完全陌生的世界：尽管是一团漆黑的深海，却照样有海水流动、生物繁衍，只是和我们在地面、海面看到的大不相同。这还不算，海底下面还有水流、有生命，甚至于玄武岩石头里也有微生物长期生存，它们的新陈代谢极慢，是真正"万寿无疆"的老寿星。深海资源如何利用现在并不清楚，不过有些海底下的宝藏已经在开发，首先是石油天然气。世界上新发现的大型油气田，主要都在深海；还有天然气水合物、金属硫化物，以及深海稀土矿等等，深海矿产的勘探方兴未艾。所以说，海洋开发的重心正在下移，从海面推进到海底。

不过人类是陆生动物，开发深海又谈何容易。海水每加深10米，就增加一个大气压力，人类如果以自己的肉身凡胎进入深海，不但淹死，还会压扁。因此深海从探索到开发，完全得依靠高科技。当前探索深海的技术手段，可以归纳为"三深"：深潜、深网、深钻。乘坐深潜器潜入深海，是人类直接探索深海的起步点，同时涌现了各种各样的无人深潜设备，进行更多、更广的"深潜"。"深网"是在海底铺设观测网，对深海进行不间断的实时观测，向上观测深层海水、向下观测地球深处，相当于把"气象站"、"实验室"放到了海底。"深钻"是用钻井船向海底下面打钻，探索海底下面的地壳，向地球的深部进军。近年来，我国在这三方面都取得了喜人的重大进展。

回顾历史，拓展海洋开发空间是人类社会发展的途径。16世纪，人类在平面上进入海洋，欧洲人通过越洋航海征服殖民地，赢得了五百年的繁荣。现在的21世纪，人类正在纵向上进入海洋，开发深海的资源，由此带来的社会效果目前还很难预计，但这正好是中国重新崛起的时期，给重振华夏带来了新的机遇。这两次开发海洋最大的不同在于手段，16世纪靠的是坚船利炮，21世纪靠的是高新科技。可以预期，随着进一步弘扬海洋文明，我国会有更多的青少年立志深海、投身科技，争取在人类开发深海的征途上，留下中国人的足迹！

中国科学院院士　汪品先
2018年1月

目录

不平静的海底 6

神奇的海底"火炉" 8

"火炉"上的海水 12

不同"风味"的热液流体 14

烟雾袅绕的冶炼工厂 16

喷发泥浆的海底泥火山 20

生命的摇篮 26

生命起源于海底吗 28

万物生长都靠太阳吗 30

具有"特异功能"的深海微生物 32

出没的奇异生物 34

奇异的海底"花朵" 36

身披盔甲的海螺 38

深海盲虾靠什么感光 40

与细菌生死相依的贻贝 42

华贵的螃蟹军团 44

深海探索　海底是漏的

不平静的海底

神秘的深海海底并非像海面一样完整、开阔、平坦而一望无垠，那里既有连绵高耸的"山脉"，也有绝壁千仞的"谷地"，更有许许多多特殊的地质现象，如地震、火山、洪流等。其中，最为特别的是在海底一些区域，一股股源源不断的"浓汤"向外喷出，犹如海底出现了许多"漏洞"。这些奇特的"浓汤"被科学家称为海底流体渗漏。

海底流体渗漏分为两种：一种温度与周围海水相近，被称为海底冷泉；一种温度高达350℃，被称为海底热液。其中，海底热液现象更为奇异。你可以想象：寂静寒冷的海底有着一壶壶烧开的水，沸腾不止，这是多么的神秘而让人惊叹！因此，海底热液被誉为20世纪地球科学领域最为重要的发现之一。

神奇的海底"火炉"

海底热液的发现始于20世纪中叶的一个偶然事件。1948年，瑞典科学家驾驶着"信天翁号"科考船来到位于红海中部亚特兰蒂斯的一处深渊。他们利用探测仪器在海底发现了一个匪夷所思的现象：海水局部区域水温和盐度偏高，有的地区的水温达到40°C~60°C。当时，人们对这一发现非常震惊，难道海底存在着一种神秘的力量，能够制造出给海水加温的神奇火炉？

海底的神秘"窗口"

海底高温卤水被发现的随后几年，人们又在红海发现了大规模的多金属软泥。这些软泥可是难得的海底宝藏，可以用于提取金、银、铜、铁、稀土等金属，具有巨大的矿产资源效益。很快，有人将这些金属软泥的发现和海底高温卤水联系了起来。与此同时，科学家在太平洋水体中发现了来自地球深部的元素氦，它在超过2000千米范围内的南太平洋洋盆中广泛分布。这是否预示着海底存在着一个个"窗口"，不断释放着来自地球深部的物质和能量呢？为此，科学家提出了海洋中存在着海底热液的假说。

世界著名的功勋潜水器"阿尔文号"正在海底作业

与海底热液的第一次亲密接触

1977年夏,人类在太平洋的深海终于迎来了与热液活动的第一次亲密接触。当美国科学家比肖夫博士搭载"阿尔文号"载人深潜器首次进入2500米深的海底时,被眼前那一幅奇异而魔幻的景象所震惊。只见深潜器灯光照到处,蒸汽腾腾,烟雾缭绕,烟囱林立,好似一座业务繁忙、昼夜运转的水下工厂。这些烟囱呈簇状集合在一起,大的高达数米,小的则刚露出海底。它们坚挺笔直,就像守卫宝藏的忠诚卫士,面对擅自闯入领地的外来者严阵以待。同时,它们头顶不断冒出颜色各异的烟雾,以示神圣不可侵犯的威严。这些烟雾有的浓黑如墨,夹杂着细小的微粒从高耸的烟囱口中喷涌而出;有的洁白无瑕,如同春日清晨的薄雾,轻纱幔帐,缥缈似云;还有的清淡如暮霭的轻烟,若有若无,在寂静的海底世界自顾自地轻歌曼舞。在这样童话般的世界里,当然少不了许多调皮贪吃的"顽童"——热液生物,有鱼、虾、蟹和贝等。它们数量惊人、种类繁多,极似虔诚的朝圣信徒,以烟囱为中心,紧紧依靠,寸步不离,安静闲逸地生活在这些"烟囱神像"的庇护里。比肖夫的这次发现,彻底改变了人类对海底世界冰冷、黑暗、高压、缺乏生命的印象。热液活动区域如同海底"绿洲",为死寂的深海点燃了一盏盏生命圣火,神秘且又彰显勃勃生机。

烟雾缭绕的"水下工厂"——海底黑烟囱

海底热液的分布

自从人类首次发现海底热液系统以来，科学家便一直致力于更多新的热液喷口的发现。经过30多年的努力，大规模、有系统、有组织的热液点搜寻活动已经逐渐覆盖了全球范围内的扩张中心。迄今为止，人们已经对超过13000千米的全球洋脊系统和3000千米的海底火山岛弧以及板块内部的火山进行了勘探。现已在全球洋底发现了大约400处活动的热液喷口，其中大约有200个热液喷口是通过现场直接观测所确认的。这些热液喷口的类型多样，既包括喷发剧烈的黑烟囱和白烟囱喷口，又有单独的弥散流热液活动区。

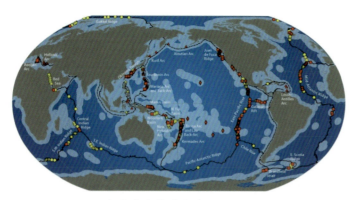

全球海底热液分布图

通过对分布地点进行统计，可以发现热液喷口分布极不均衡，近半数的热液喷口是在人们重点调查的东太平洋中隆地区发现的，在大西洋中脊地区也发现约五分之一的热液喷口。相比之下，在大西洋中脊南端，整个印度洋中脊，太平洋、南极洋中脊和东太平洋中隆以南南纬38°的一段连续的长约3万千米的洋脊范围内，发现的热液活动较少。

中国发现的首个海底热液区

2005年，中美两国科学家在东太平洋洋底的著名深海热液点——胡安·德福卡区举行了近一个月的联合深潜航次。在美国伍兹霍尔海洋研究所的协助下，中国科学家利用"阿尔文号"载人深潜器，第一次在海底对热液活动进行了实地考察。同年，中国大洋协会组织了我国历史上第一次环球科考航次，"大洋一号"科考船在西南印度洋洋脊展开了热液活动调查，并通过水体化学的异常现象初步找到了几处热液场的存在。2007年，中国科学家首次在西南印度洋直接观测到了活动的高温热液喷口。这是我国发现的第一个热液区，被命名为"龙旂"。随后，我国陆续在印度洋、大西洋和东太平洋发现了30多个热液区。

为什么海底热液是 20世纪末最伟大的发现之一

海底热液系统的探索及研究不仅对现代地质学发展具有非凡的意义，而且极大地拓宽了"生物圈"的分布范围，直接影响到科学界对生命起源的理解。

● 海底热液硫化物矿床是一种潜在的可开发利用的多金属矿产资源，是陆地资源日益枯竭之后人类可以依赖的**巨大资源宝库**。

● 现代海底热液系统是研究成矿过程和生命起源等重大科研问题的**"天然实验室"**。海底热液系统与早期地球环境相似，常被推测为地球上早期生命发育的摇篮。现代洋底"黑烟囱"中的生命群落是以化能自养微生物为基础生产力的一个自养自给的生态系统。这些极端生物可能代表了最古老的生命类群，是寻找最早生命形式和探索生命起源最重要的研究对象，为我们了解古老生命起源和演化发展提供了一条可能途径。

● 热液活动区生物群落奇异的生命表现，改变了传统的极端环境下无生命存在的认识，**丰富了深海生物基因库**，在工业、医药、环保等领域有广泛的应用前景。

● 海底热液是**人类了解地球内部的一个重要窗口**，是联系地球水圈、生物圈、岩石圈以及大气圈的重要纽带，代表了一个极其复杂的地质生物体系，催生了一个全新的研究领域，促使地质学、地球化学以及生物学过程及其彼此之间相互联系的观念发生了巨大的转变。

国发现的第一个热液区"龙旂"

"火炉"上的海水

这许许多多神奇的海底烟囱到底是如何形成的呢？洋壳下面是否真的有一座座永不熄灭的火炉？面对如此之多的困惑，科学家经过多年努力，逐步揭开了海底热液的形成之谜。原来，海底热液是地壳活动在海底反映出来的现象。它们分布在地壳张裂或薄弱的地方，如大洋中脊的裂谷、海底断裂带和海底火山附近。在这些区域，海底还真的有一个个能把海水加热的巨大"火炉"，它们是洋壳深部温度奇高的岩浆房，那里的温度超过了1200°C。

海底热液的形成

在大洋中脊的裂谷、海底断裂带和海底火山附近，冷的、富含氧的海水在重力的作用下会沿洋壳的裂隙向下渗透数千米，到达距离海底岩浆房很近的地方。岩浆房通过周围岩石的传递，用自身的热量不断烘烤着这些下渗的海水。随着海水下渗深度的增加，温度和压力进一步上升，岩石中的大部分元素逐步被海水淋滤出来，形成富含金属元素且具有高度还原性的热液流体。这些热液流体因为温度升高、密度降低，从而导致浮力的增加而再次喷出海底。这就是热液形成的一个经典模式。

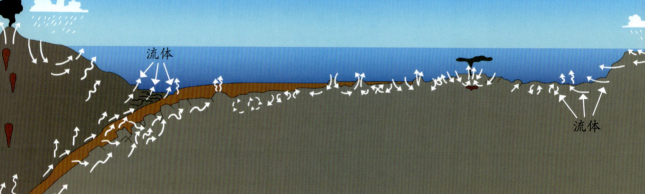

海水下渗区

顾名思义，下渗区就是海水洋壳内部渗透的区域，它比较分散且范围很广。在洋脊地区，大量的海水沿洋壳下渗，但是仅有小部分能进入洋壳的深部。当海水下渗和洋壳接触，海水所携带的氧气和离子就会与洋壳发生剧烈的化学反应。我们知道海水比较苦涩就是因为富含大量的镁和硫酸根离子。下渗区的海底岩石就像海绵一样，将海水中的镁离子吸附住。但这些岩石似乎也明白平等交换的原则，它们在"吃"掉镁离子后，会将自己内部的钙离子释放入流体，如同岩石和流体在海底下面进行了一次公平交易。于是，流体里就含有很多的钙离子和硫酸根离子。当海水温度进一步升高，达到150～200℃时，从岩石中交换出的钙离子和硫酸根离子根就会以硬石膏（硫酸钙）矿物的形式沉淀出来。这些沉淀会堵塞岩石孔隙且阻碍海水继续向下部更高的反应区渗透。随着温度继续升高，超过250℃时，还有部分没有反应的硫酸根离子会与岩石发生还原反应转化成为硫离子。与此同时，岩石中其他部分金属也陆续被淋滤出来，导致高温喷口热液中金属的含量远高于海水。

热液释放区

随着温度的升高、密度的下降，热液受到的浮力越来越大。在浮力的作用下，热液沿着洋壳的裂隙快速上升，最终在洋壳上部的某个区域向外喷发。这个区域就是热液释放区。在释放区，热液会以集中流和弥散流的两种方式喷出海底。集中流区的热液上升通道比较通畅且直接和深部水岩反应区连通，使得热液可以快速喷出海底。弥散流由于喷发前和海水的混合，温度较低，浮力较小，所以喷出的速度比较小且在喷口处不能形成烟囱结构体。热液流体在上升过程中，会继续和岩石发生离子交换，化学成分也会发生一些改变。当集中流来不及喷出海底时，就会在洋壳某处形成热液库。当热液库和海水混合后，通过岩石裂隙冒出海底便形成弥散流。人类第一次在加拉帕戈斯扩张中心处发现的热液流体即为典型的弥散流。

水岩反应区

反应区一般在海底1.5～2千米以下，靠近底部岩浆房，区域温度为350～400℃或更高。在这里，海水和岩石变得更加"热情"，它们之间的化学反应速度非常快。岩石中的金、银、铜、铁等金属元素被大量交换到流体里。热液在这里终于稳定下来，并形成了最终的化学物质和组成。

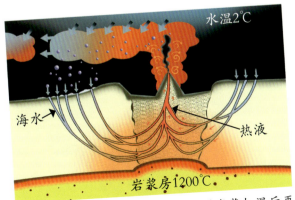

热液的循环：海水渗到深处，遇到岩浆加温后再回流上来

不同"风味"的热液流体

生命无处不在,即使在几千米深的海底热液系统也同样如此。但是,没有美味的面包和可口的牛奶,没有阳光和绿色植物,这里的生命是怎么存活下来的呢?原来,那些富含有毒气体和重金属的热液流体就是海底热液生态系统中微生物最美味的"营养浓汤"。那么这些"浓汤"的风味都是一样的吗?当然不是。热液流体在洋底循环过程中,受基岩组成、流体相变、热源性质、混合作用等因素的影响,其化学组成和化学性质具有明显的差异。

热液"浓汤"的"汤底"

热液"浓汤"的"汤底"主要由基底岩石熬制而成,不同的基岩"食材"做成的"汤底"是不一样的。这主要是因为海水与岩石之间发生的水岩反应不同。海水的物理与化学性质大致相同,但海底岩石的种类却千差万别。因此,发生在不同基底岩石上的水岩反应,就会制造出不同化学性质的热液流体。例如,以玄武岩为基底的热液流体近中性或轻微酸性,富含铁、锰等金属及氢气、二氧化碳和甲烷气体;以安山岩为基底的热液喷口流体含有较高的锌、镉、铅和砷等元素,pH值较低,约2.8;以橄榄岩为基底的热液流体则含有相对较高浓度的甲烷和较低浓度的硅元素。

A为东太平洋隆起的玄武岩；B为西南印度洋热液喷口，C为西南印度洋出露的橄榄岩

热液"浓汤"的"调味剂"

沉积物的覆盖也会大大影响热液浓汤的"味道"。渗透性较低的沉积物层可使喷出的热液流体在高温下保留更长时间，进行化学交换的反应更多。相比无沉积物覆盖的热液，有沉积物覆盖的热液具有更高的pH值和相对较低含量的金属离子。

此外，相分离过程等其他因素也会影响海底热液流体的化学组成和性质。热液"浓汤"的风味是多种因素共同影响的结果。

烟雾袅绕的冶炼工厂

海底热液犹如一座座繁忙的冶炼工厂，滚滚"烟雾"不断地从一根根"烟囱"中冒出。有意思的是，这些"烟雾"不仅成分不同，温度也相差甚远，低的只有几摄氏度，高的可达400℃；它们的颜色也不尽相同，有的呈黑色，有的是白色，还有黄色的；喷出海底的形式更是多种多样，有的高速、集中喷发，有的低速、缓慢扩散。这些冶炼工厂彼此可能独立存在，也可能相伴出现。

浓烟滚滚的"黑烟囱"

海底"黑烟囱"又称"硫化物烟囱"，是深海热液活动最广泛的一种表现形式，几乎在全球海底扩张洋中脊、弧后扩张中心、火山弧以及板内火山处都能发现它们的存在。

"黑烟囱"里冒出的不是烟，而是高温炙热的黑色热液流体，也就是海底热液。这些"黑烟囱"正是由海底热液喷发作用形成的。如果你想用手去直接触摸它们，可千万不行，因为这些"黑烟"出口处的温度高达300～400℃，轻易就能将你的手烫伤。即使是驾驶潜水器靠近，也得小心谨慎，否则会发生机毁人亡的事故。除了温度很高以外，这些"黑烟"通常还拥有很强的酸性。一些"黑烟"的酸碱度（pH值）接近于我们平常食用的陈醋，可以达到2.8左右。

"黑烟囱"的一生

"黑烟囱"从形成到消亡，大致要经历三个时期，就像一个人一生要经历少年期、壮年期和老年期一样。

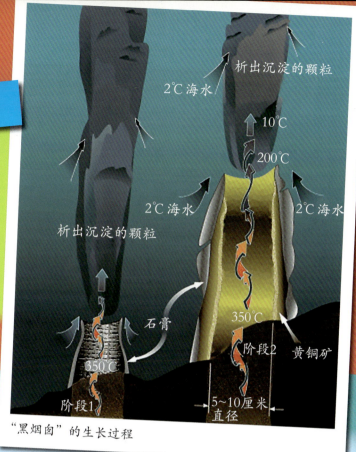

"黑烟囱"的生长过程

"黑烟囱"在少年期形成雏形。高温偏酸性的流体喷出洋壳后与周围弱碱性的海水相遇，形成硫酸钙，达到过饱和后变成硬石膏，在喷口处形成了一个高渗透性的雏形烟囱体，也就是一个能够与海水对流并且允许"黑烟"向外扩散的外壁。这时的烟囱体内部伴生着众多细小的硫化物颗粒。快速沉淀的硬石膏等矿物会逐渐形成一个相对成熟的圆筒状烟囱壁，阻滞热液流体和海水的直接混合，为后期矿物的沉淀结晶提供基底。

随后，"黑烟囱"进入快速发展的壮年期。此时烟囱体不仅单纯地向外（主要沉淀黄铁矿、闪锌矿、磁黄铁矿、斑铜矿和硬石膏）和向上（主要沉淀硬石膏）生长，而且由于硫化物矿物不断交换内壁的硬石膏，也使其向内（主要沉淀方黄铜矿）生长。当其内通道由于向内生长而逐渐变得狭小时，烟囱体外壁的孔隙也被不断结晶的硫化物矿物、硬石膏以及无定形硅所充填，整个"烟囱"结构的渗透性降低。

慢慢地，随着"黑烟"向外排泄的减弱，海底"黑烟囱"步入老年，并最终衰竭，在海水的冲击和地质作用下倒塌。

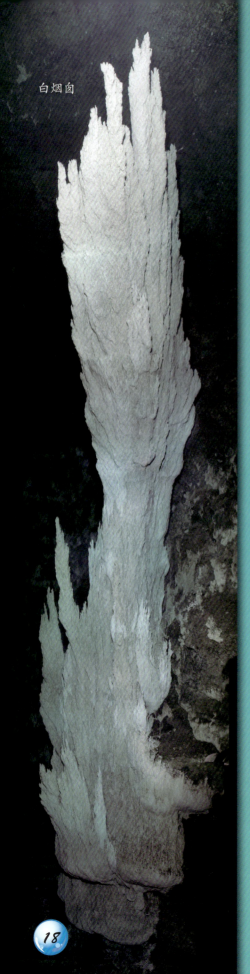

白烟囱

白烟囱

洁白如玉的"白烟囱"

漏下海底的海水形成的热液，温度有高有低，成分也大相径庭！有的热液在海底喷发后，并非形成我们熟知的"黑烟囱"，而是形成了洁白的"白烟囱"。

在一些大洋中脊，地幔的岩石出露海底，会与海水发生复杂的化学反应，从橄榄石演变成蛇纹石，并产生大量的热量，从而驱动另一种类型的海底喷发活动。这种特殊的热液温度较低，只有40~90℃，但碱性较强，pH值为9~11，富含甲烷、氢气等气体，几乎不含铁、铅、锌、铜等金属元素。因此，当热液喷出海底时，形成的不是由金属硫化物组成的"黑烟囱"，而是主要由碳酸盐矿物，如方解石、文石，构成的"白烟囱"。相比"黑烟囱"而言，"白烟囱"结构致密，不易坍塌，可以形成更为壮观的海底"白烟囱"群。

海底最高的"烟囱"

在大西洋中脊，有一座被称为"迷失之城"的热液场，其中矗立着一座以海神"波塞冬"的名字命名的巨型"白烟囱"。它的高度超过60米，延伸范围接近100米，是迄今为止在海底观测到的最高的热液烟囱。

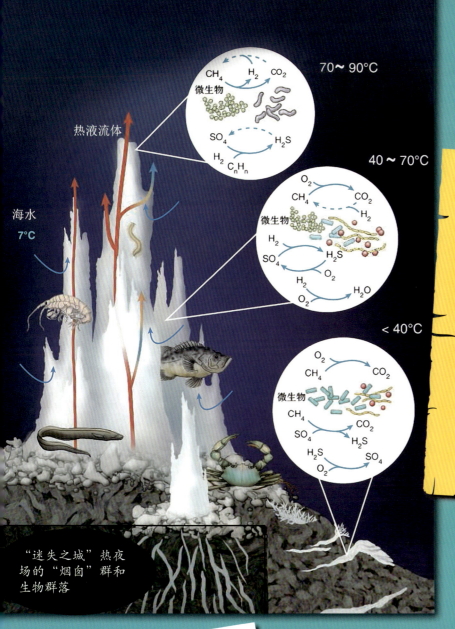

"迷失之城"热液场的"烟囱"群和生物群落

海底"白烟囱"不但体积巨大,而且形态变化多端。它们有的像宝塔、像佛手,令人联想到佛教寺庙;有的像石笋、像瀑布,犹如石灰岩溶洞的景象。更难能可贵的是,这些"烟囱"主要由洁白无瑕的碳酸盐矿物组成。雪白精致、形态各异的白烟囱耸立在海底,犹如大自然创造出的一件件精美绝伦的艺术珍品。

神奇的"硅烟囱"

除了"黑烟囱"和"白烟囱"外,海底还有一种从玄武岩基质的裂隙中扩散溢出的低温热液流体形成的"硅烟囱"。它们的主要成分是硅质沉淀,通常以矮小的烟囱群和坡度平缓的热液沉积物为主,其矿物以蛋白石、重晶石、层状硅酸盐矿物(绿脱石、绿泥石、皂石等)以及锰-铁氧化物最为普遍。

与高速集中喷发的黑烟囱相比,低温热液流体喷发前就和大量的海水混合,温度较低,浮力也较小,流体以缓慢的速度喷出海底。低温热液流体的规模往往很大,它们对海洋热通量和化学通量的贡献可能是高速集中流的几倍。

喷发泥浆的海底泥火山

火山喷发犹如东方旭日喷薄而出，又仿若巨龙傲啸吞噬一切。然而你知道"火"与"冰"是可以共存的吗？在海洋中，就有这样一种"火"包"冰"的神奇现象，只是此"火"非彼火，是指喷发泥浆的火——泥火山；此"冰"非彼冰，是指可以燃烧的冰——可燃冰。

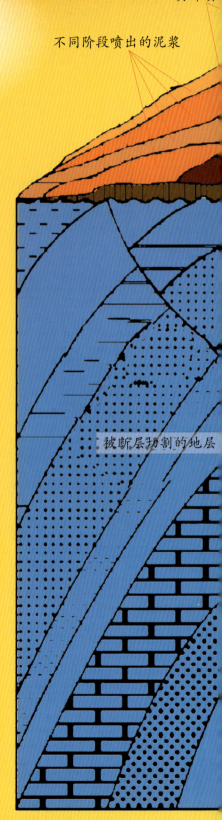

不同阶段喷出的泥浆
翼部喷
被断层切割的地层

> 早在200多年前，科学家就在陆地上发现了泥火山。从20世纪70年代开始，随着海洋探测技术的发展，海底泥火山也陆续被发现。海底泥火山分布广泛，里海、黑海、地中海、墨西哥湾、巴伦支海、波罗的海以及中国南海等海域都发现了海底泥火山。

泥火山不喷火，为什么称为火山

泥火山主要发育在地球的"褶皱"处，即沉积速率较快和有横向挤压构造作用的区域，如板块交界处。地下深部的泥浆带着它的"小伙伴"——水、沉积角砾和各种气体通过断层等地下高渗透性通道向上跑。"小伙伴们"通过"地下通道"跑到地面，筑成尖端有凹穴的锥状小丘后便结束了"逃跑行动"。由于外形及过程与火山喷发过程相似，所以被称为泥火山。

心喷口　　　泥火山示意图

大自然版的"奔跑吧，兄弟"

火山喷发和泥火山喷发俨然都是大自然版的"奔跑吧，兄弟"。参与火山喷发的"跑男"，是来自地壳深部或地幔的岩浆；而参与泥火山喷发的"跑男"，则是来自地壳浅部的沉积物和气体。

泥火山的喷发

泥火山小的喷口直径只有几厘米到几十厘米，大的喷口直径则可达300～1000米，有的甚至达2000米以上，喷发高度也可达数百米。尽管大多数泥火山喷发时会产生巨大的动静，但绝大多数情况下，都是无害的。泥火山小规模喷发时，只有气泡顶着泥浆缓缓涌出。而当泥火山剧烈喷发时，泥浆会犹如沸腾一般，气泡翻滚，喷出大量泥浆。泥火山的剧烈喷发往往是由于内部烃类气体如甲烷的大量聚集造成的。"气体小伙伴"由于急于逃离地下，一边翻滚，一边带着地壳浅层沉积物一起向上"狂奔"。当压力得到释放以后，"气体小伙伴"便安静下来，泥火山就可能在此后的几十年或几百年都不再喷发，甚至永远休眠。

奔腾的泥浆温度会很高吗

答案是否定的。虽然泥浆和它的"小伙伴们"热情似火，但是它们的"体温"最低仅有几摄氏度，最高也不超过100℃。

火星上的泥火山

美国国家航空航天局于2007年提出，在火星北部平原发现的大量高堆很可能是泥火山。如果这个结论最终被证实，那么就可以更好地解释火星大气中甲烷的来源。

海底泥火山

目前，全球已有27个海域发现有海底泥火山的存在。从构造成因上看，泥火山主要发育于阿尔卑斯山-特提斯缝合带（阿尔卑斯山—黑海—里海—喜马拉雅山）和环太平洋带；从地理分布上看，这些海底泥火山都分布在陆架、陆坡、岛坡以及内海的深处（如黑海和里海），并且绝大多数分布在活动大陆边缘；从喷发成分上看，海底泥火山可以在短时间剧烈喷发出大量沉积物和气体（70%~99%为甲烷）。有意思的是，海底泥火山"跑男一族"——水、沉积角砾和各种气体并非是形影不离，它们会在不同阶段、不同地域组建成不同的"团队"。

泥火山的形成

沉积物堆积

横向构造挤压

海底泥火山是如何形成的

海底泥火山的形成有两种不同的机制：一种是泥火山直接发育在海底泥底辟之上，这是由于"跑男"——流体冲出泥底辟后沿泥底辟继续奔向海底而形成。如果在"奔跑"过程中"跑男"——流体没有能力冲刺到海底，就不会形成泥火山，而形成泥底辟。还有一种情况是"跑男"——流体沿断层或裂缝这条"地下通道"，向上"奔跑"在海底形成泥火山。但是不管哪一种情况，"跑男"——流体的"奔跑"都是海底泥火山形成的决定性"人物"。

海底泥火山三维多波束测探图

形成海底泥火山的两个关键因素

一是较快的沉积速率，使"跑男一族"能够迅速地"集合"到一起；二是活动大陆边缘的横向构造挤压，给"跑男一族"发出"奔跑"的命令。

海底泥火山是海底沉积物重要的"排气口"。

泥火山喷发

海底泥火山的"好伙伴"

海底泥火山有个"好伙伴"——天然气水合物，它们经常形影不离。天然气水合物也有一支独特的"跑男队伍"——天然气甲烷和水。这是一种由天然气甲烷和水在高压低温条件下形成的类冰状的结晶型物质，因其外观像冰一样而且遇火即可燃烧，所以又被称作"可燃冰"，其中甲烷的比例占80%～99.9%。

目前，人们已经在里海、黑海、地中海、挪威海、巴巴多斯近海、尼日利亚近海、墨西哥湾发现海底泥火山与可燃冰"共生"。这些可燃冰的共同特征是：大多是白色或灰白色，呈板状随机分布在沉积物内，占沉积物总体积的1%～35%。沉积物中可燃冰呈同轴带状方式堆积，并且受上升流体的控制。上升流体中的水以及周围新鲜沉积物中的水都会影响可燃冰的生成。

研究表明，全球90%以上泥火山喷出的气体来自地下油气藏，是寻找油气和渗漏型可燃冰的重要线索与示踪标志。

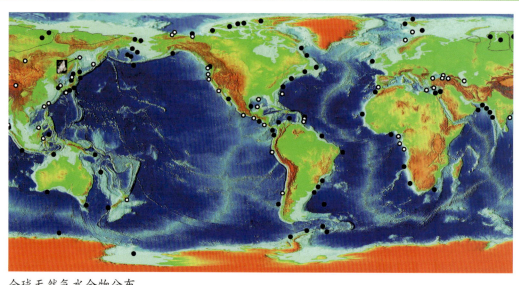

全球天然气水合物分布

黑海海底天然气水合物分解释放的气体

可燃冰

可燃冰的发现

早在1965年，苏联科学家就预言，海洋底部的地表层中可能存在"可燃冰"，后来人们终于在北极的海底首次发现了大量的"可燃冰"。20世纪70年代，美国地质工作者在海洋钻探时，发现了一种看上去像冰块的东西。当把它从海底打捞上来后，那些"冰"很快就成为冒着气泡的泥水。出人意料的是，这些气泡居然能被点燃。测试证明，这些气泡就是甲烷，而猜测中的"可燃冰"也由此揭开了神秘的面纱。

为什么现在不宜大量开采可燃冰

在同等条件下，"可燃冰"产生的热量比煤、石油和天然气产生的都大得多。全球海底"可燃冰"所含的有机碳总量相当于全球已知煤、石油和天然气总和的2倍以上，够人类使用1000年！所以可燃冰一度被视为具有良好前景的新能源。

然而，可燃冰在给人类带来新的能源前景的同时，对人类生存环境也提出了严峻的挑战。众所周知，地球温室效应的"元凶"是二氧化碳气体排放，而甲烷的温室效应是二氧化碳的25倍！要知道，海底可燃冰中的甲烷总量约为地球大气中甲烷总量的3000倍。如果控制不好，让海底可燃冰中的甲烷气体逃逸到大气中去，将会加剧全球变暖和海平面上升等问题，给人类带来灾难性的后果。同时，一旦条件变化，甲烷气体从固结在海底沉积物中的可燃冰中释放出来，还会极大地降低海底沉积物的工程力学特性，使海底软化，从而导致大规模的海底坍塌，毁坏海底工程设施。因此，对于面临能源短缺的人类来说，可燃冰的勘探和开发无异于雪中送炭，但还需要解决开发成本较高和可能对环境造成的影响等许多难题。

深海探索 海底是漏的

生命的摇篮

地球形成于约46亿年前，浩瀚无垠的海洋形成于约42亿年前，地球上的生命有可能形成于41亿年前，但地质记录中有确切微化石保存的年龄为35亿年。随着科学的发展，人类逐渐认识到生命的诞生需要十分苛刻的条件。一般认为，生命起源需要以下五个基本条件：液态水，各种生命元素，能量供应，合适的环境条件和必要的时间。那么，地球上的生命到底是从哪里来的呢？

生命起源于海底吗

科学家认为，海底热液喷口是孕育生命的最理想场所。热液喷口附近的环境不仅可以为生命的诞生以及其后的生命进化提供所需的能量和物质，而且还可以有效避免地外物体撞击地球时所造成的有害影响。因此，海底热液起源说是目前最流行的，也可以说是迄今为止最科学的有关生命起源的假说。

生命起源的"原始汤"

达尔文曾提出："生命最早很可能产生在一个含有各种氨、磷酸盐、热以及电的小池子里面。"科学家把这个"热的小池子"称为"原始汤"。1953年，美国科学家米勒做了一个实验：一个盛有水溶液的烧瓶代表原始的海洋，其上部球形空间里含有氢气、氨气、甲烷和水蒸气等"还原性大气"，然后加热烧瓶，使水蒸气在管中循环，接着通过两个电极放电产生电火花，模拟原始天空的闪电。

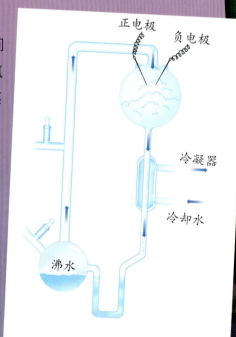

米勒实验图

经过一段时间后，米勒发现烧瓶内产生了各种新的有机化合物，包括5种氨基酸和多种有机酸。米勒的实验向人们证实了，有机分子可以在早期地球上由无机物质形成。20世纪60年代，美国科学家福克斯通过实验证明了，在早期地球环境中氨基酸可以自发地形成各种简单的肽类。

生命起源于深海热液

随着对海底热液及其生态系统研究的深入，科学家发现深海热液环境与地球早期的环境非常相似：高温、缺氧，富含硫化物、甲烷、氢气及二氧化碳等还原性气体。1990年，有德国科学家提出地球上的生命或许起源于深海热液。该理论认为，氨基酸可能形成于地壳深部，随后同热液流体一起喷出，而低温及黏土矿物的存在或许导致了多肽及原始细胞的形成。随后，实验研究与模拟计算也表明，深海热液喷口内的矿物颗粒与酶类具有相似的催化性能，在缺少溶解二氧化碳的水体中能够创造简单的有机分子，如甲醇、甲酸等。

有力的证据

科学家根据"分子进化时钟"的基因测序，勾勒出了地球上所有已知生物的"生命进化树"。他们发现，从海底热液环境中分离得到的极端嗜热古菌位于"生命进化树"根部，可能代表着地球上最接近"共同祖先"的微生物类群。它们的平均最佳生长温度超过80℃，有的甚至能够在121℃的高温环境下生存。这些超嗜热古菌能够利用热液喷口周围环境中的各种无机化学反应所释放的能量来维系自身的生命活动，进而支撑整个生态系统的繁荣。因此，它们是生命起源于海底热液喷口强有力的证据。

万物生长都靠太阳吗

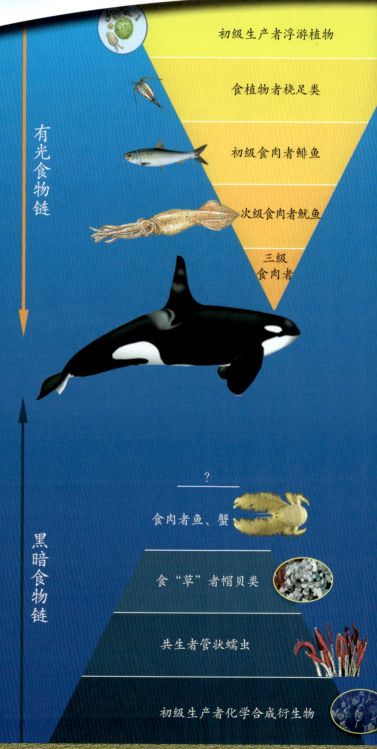

有光食物链

初级生产者浮游植物

食植物者桡足类

初级食肉者鲱鱼

次级食肉者鱿鱼

三级食肉者

黑暗食物链

食肉者鱼、蟹

食"草"者帽贝类

共生者管状蠕虫

初级生产者化学合成衍生物

地球上的能量来源

地球上有两种能量可以支撑生命活动。一种是来自地球外部的能量，即太阳能。它们通过太阳光的形式到达地球，地球上绿色植物的生长就是依靠这种能量。另一种支撑生命活动的能量则来自地球内部。这些能量由地球内部物质的化学反应产生，同样可以被生命所吸收利用。

在几千米深的海底世界，没有阳光的恩赐，但是依然表现出一片"生机勃勃"的场面：白螃蟹挥舞着爪牙，在一大片密密麻麻的贻贝和蠕虫的地界上大摇大摆地横冲直撞；白虾们聚在一起"窃窃私语"，随后突然一下四处散开；一旁的一大群白蜗牛却正在不紧不慢地散着步。人们不禁要问，这么热闹的地方难道是海底"龙宫"吗？当然不是，这里只是海底热液场和冷泉区。据统计，在这里每平方米的空间内，蛤类等动物的数量超过300个。

在没有阳光的深海，生物怎么生存

深海生物主要是靠"吃"一种化能型的细菌来存活的。那么，化能型细菌又是什么呢？这是一种依靠氧化无机物或者有机物来获取能量的细菌。在深海热液口和冷泉附近，生活着大量化能型细菌。深海中的热液是洋壳裂隙中的海水下渗后与热的岩浆混合加热后所形成的成分复杂的高温流体，含有氢气、甲烷、硫化氢、二氧化碳及大量的可溶性金属元素。而冷泉是以水、碳氢化合物（天然气和石油）、硫化氢或二氧化碳为主要成分的流体，温度与海水相近。它们含有的甲烷、硫化氢及二氧化碳等组分，是化能型细菌的营养物质。有了充分的食物，化能型细菌得以大量繁殖，为深海中的贝类、蠕虫类等动物提供食物来源。这些生物形成了独特的热液口生态系统和冷泉生态系统。

热液口和冷泉环境在地球上已经存在了上亿年甚至更长，但人们在1977年和1983年才发现热液口生态系统和冷泉生态系统的存在，这说明人类探索未知世界的路还很长。随着科学技术的不断发展，自然界更多的神秘面纱将被揭开。

具有"特异功能"的深海微生物

每当科学家利用深潜器下潜到深海热液场或冷泉区附近,都会被栖息其中的繁茂的生物群落所吸引。然而,这里生活着更多的则是我们肉眼不可见的微生物。据测算,在1毫升的海水里有10^9个微生物细胞。它们个个深藏不露,具备种种特异功能,嗜好也奇特,有的以甲烷为食,有的喜欢"吃"硫化氢,还有的爱"啃铁"……

百毒不侵的热液微生物

海底热液附近的生态环境异常"恶劣"。海底烟囱不断向外排放着阵阵浓烟,就像陆地上的化工厂一样,浓烟里含有大量有毒气体、重金属离子。生活在这里的微生物是如何承受这"重度污染",从而百毒不侵的呢?

原来,大部分生活在这里的微生物都是化能自养型微生物,它们能利用甲烷、硫、金属等发生氧化还原反应产生化学能,为自身生长提供能量,同时为其他深海动物提供充足的食物来源。这是依赖于从化学反应中捕获的能量,构筑了完全不依靠太阳光的独特的深海热液和冷泉生物群落。所以说,它们不仅是百毒不侵,而且是无毒不欢。

"身怀绝技"的古菌

古菌，顾名思义似乎是指"古老的细菌"。然而，事情并非这么简单。"古老"没有错，但古菌不是细菌。虽然古菌与细菌从模样上看不出明显差别，但其细胞结构和基因却很不相同。海洋中的古菌在表层海水中数量较少，而在较深的海水中数量反而更多。这是因为许多古菌"身怀绝技"。比如产甲烷古菌，具有将无机物，如氢气和二氧化碳，作为电子供体和受体来合成甲烷并同时产生能量的本领。这些古菌具有特殊功能的酶，可以催化此类反应的发生。还有一些古菌，具有自养固碳能力，支撑着深海海底环境中不依赖于太阳光合作用的所谓"黑暗食物链"。

现代分子生物学把生物界所有生物划分成三大域：古菌、细菌、真核生物各占一域，我们人类被划分在与细菌和古菌并列的真核生物范畴。古菌的发现从根本上改变了传统的生物分类概念。

超级耐热的嗜热菌

黄石公园的热泉里，生存着各种各样的微生物

20世纪初，在美国黄石公园的热泉里，人们躁跷地发现里面竟然有各种各样的微生物存在。在这个接近沸点的水世界里居然有如此坚强的生命，不能不引起科学家浓厚的兴趣。于是，大家开始四处寻找这些耐热的小家伙。1997年，人们在大西洋底部3650米深处的热液喷口处，找到了"延胡索酸火叶菌"。尽管热液喷口的温度高达113℃，它们仍能在其中"悠闲自得"地生活。人们在震惊的同时，将该温度认定为生命可承受的极限。然而，随后在太平洋底部2400米深处的一个热液喷口发现了一种更耐热的微生物，科学家将其起名为"菌株121"。在实验室中将"菌株121"加热到121℃，它照样生存并能繁殖后代。即使在130℃的环境中，它也能维持生命，只是不能繁衍。也许，"菌株121"仍然不是耐热微生物的极限，我们只能在默默等待和探究中，感叹微生物的神奇。

丰富的深海生物

基因资源宝库

深海热液和冷泉微生物百毒不侵，它们的生存环境和生存策略是研究地球深部生物圈的一个窗口，蕴藏着丰富的深海生物基因资源。通过对深海极端环境生物的调查研究，科学家有望获取新的生物基因资源。

耐热菌

深海探索 海底是漏的

出没的奇异生物

　　黑暗海底的热液、冷泉区,不仅生活着众多"百毒不侵"的微生物,还栖息着各种外表新奇而独特、生存方式也不同于传统地面物种的奇异生物。正是它们生生不息的繁衍,才使得热液、冷泉区较海底其他区域生命力旺盛许多。

奇异的海底"花朵"

每一个下潜到海底热液附近的人，无不为扎堆生活在这里的一种巨大的、顶端红色的管状物所震撼。在海流的作用下，它们轻摇摆动，就像一朵朵迎风摇曳的玫瑰，构成了一幅鲜花盛开的美丽海底花园景象。它们就是管状蠕虫。

冷泉中的管状蠕虫

管状蠕虫长1~2米，身体直径数厘米粗，管子的上端是几片红色肉头，上面有许多片状触手，触手上还生长着更小的绒毛。红色部分是管状蠕虫的羽状鳃，它能从海水中获得氧气。在安静的时候，蠕虫肉头上的触手和绒毛喜欢伸在管外，并在周围的海水中尽力舒展开，随着海水飘摇，十分壮观。当其他生物不小心触碰到这些"花瓣"时，它们就会迅速缩进白色的管子中，害羞地躲着不出来了。

无口无肛门的管状蠕虫

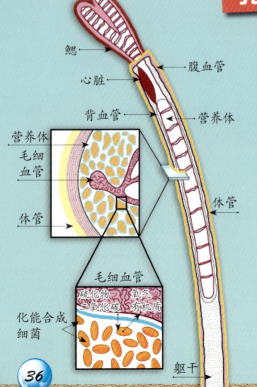
深海管状蠕虫剖面图

科学家研究发现，管状蠕虫的身体构造很奇特。长长的管子就像一层盔甲保护着里面软软的肉体。和其他动物一样，管状蠕虫也有雌雄之分，有心脏，流淌着鲜红色的血液，然而它们却没有嘴巴和胃，也没有肛门。可是，没有嘴它们怎么进食，没有胃它们怎么消化，没有肛门它们怎么排泄？通过对捕获的蠕虫标本进行研究，从而揭开了这层神秘的面纱。显微镜下观察发现，蠕虫体内含有许多细小的生命——化能微生物。正是这些不计其数的微生物供养着比它们体型大无数倍的庞然巨物，管状蠕虫才得以生存。

巧妙的共生关系

海底热液是一种富含硫化氢和重金属的高温流体。硫化氢是一种有毒气体，对于一般生物而言，微量的硫化氢进入体内就能破坏其正常的生理功能并使之死亡。而对于生活在管状蠕虫体内的化能微生物来说，硫化氢却是一顿绝美的午餐。管状蠕虫将白色的管子一端置于热液喷口附近的海底以获取硫化物，将管子另一端含红色肉头的部分伸入海水中，随水流摆动以获得氧气。它体内的微生物则利用这些硫化物和氧气反应并释放出能量，再利用这些能量将二氧化碳合成有机物，这些有机物中的一部分就成了管状蠕虫的食物。作为回报，管状蠕虫则为它们提供稳定的生存环境。这种不同生物之间相互合作、共同生存的关系称为共生，而这些细菌也被称为共生菌。

管状蠕虫还有一个奇特之处是其血液中含有一种特殊的血红蛋白，能够与硫化物结合并将其运到共生菌生活的地方，这样既能防止蠕虫本身中毒，也为共生菌提供了食物，一举两得！

惊人的生长速度

管状蠕虫奇特的生理功能，使得它们虽然没有口，却能以令人惊奇的速度飞快地生长。研究发现，有的管状蠕虫一年内可以长0.8米！

庞贝蠕虫

庞贝蠕虫

在东太平洋的海底热液区，科学家在黑烟囱的外壁上发现了一种叫庞贝蠕虫的动物。这种毛茸茸的动物通过分泌物质堆成一条细长的管子，身体就蛰居在管子里面。这些蠕虫有时还会从管子里爬出来，在周围悠闲地漫步。科学家惊奇地发现，附着在蠕虫肉体外面的绒毛是由无数微生物形成的菌丝组成的。这些微生物也能利用热液中的硫化氢和海水中的氧气、二氧化碳合成有机物，并为庞贝蠕虫提供食物。与管状蠕虫体内共生关系不同的是，庞贝蠕虫与其附着的微生物属于体外共生。更令人惊奇的是，庞贝蠕虫管子底部温度能达到上百摄氏度，而管子顶端的温度却只有二十几摄氏度，蠕虫有时还会到4℃左右的海水中游荡。在温差如此之大的环境中庞贝蠕虫居然也能生活得泰然自若！

身披盔甲的海螺

谈起海螺,大家都不陌生,它属于软体动物腹足类。但科学家曾在印度洋中部洋中脊的一个热液场看到过一种奇特的海螺——足部嵌入一片片金属矿物中,就好像穿了一双铁靴子似的。海螺背部的外壳也覆盖了一层散发着光泽的金属矿物,仿佛是一件刀枪不入的盔甲。无独有偶,科学家又在印度洋的另两个热液场中发现了这种披着盔甲的海螺,只不过铠甲的材质有比较大的差异,这是因为各个热液体系的化学环境不同。

定制的"盔甲"

科学家将海底海螺的"铠甲"做成超薄切片后放在电子显微镜下观察,发现它们的材料是一些磁性铁矿物,主要分为三层。"外皮"是一层约30微米厚的铁硫化物,"内芯"由四方硫铁矿矿物颗粒组成,中间层最厚,主要是黄铁矿矿物颗粒。这些富含铁的盔甲能够支撑起海底海螺的身体,同时起到防御部分天敌的作用。深海海螺正是依靠这种独特的结构,才能够适应深海热液场极端的环境。这种特别的"盔甲"吸引了仿生学家的关注,他们希望能从中获得启发,研制出新颖的防弹衣。

盔甲是怎样"制造"出来的

由于此前从未发现有生物可以利用铁硫化物矿物组建自身身体，深海海螺的特殊本领让科学家很好奇。那么，它们是如何做到的呢？科学家首先想到的是，会不会也和管状蠕虫一样，是共生细菌的功劳呢？在盔甲的表面，的确生活着大量的共生微生物，但随着研究的深入，科学家否定了铁靴是由共生细菌产生的可能。通过对硫同位素的跟踪，证明了原来是深海海螺自己加工制作了盔甲。整个过程可以分成三个阶段：矿物元素的富集、矿物的成核与生长以及无机矿物和有机质基质的缝合。

未解之谜

就在科学家为弄清了深海海螺是怎样披上盔甲而欢欣雀跃时，在另一个热液场却发现了穿着白色盔甲的海螺。白盔甲表面没有铁，不能被磁铁吸引。为什么形态类似的海螺有这么大的差别？是基因结构的差异，还是热液场环境的差异造成的？科学家还在为解开这一谜团而继续探索。

深海盲虾靠什么感光

在暗无天日压力巨大的海底热液和冷泉区域，生活着一群群活泼好动但却看不见东西的海底小精灵，它们就是深海盲虾。之所以叫做盲虾，是因为它们的眼睛已经退化，只在背部有一个含有感光色素的组织，称为"背眼"，可以探测到海底极微弱的热辐射。

为什么生活在热液附近的盲虾没有被煮熟

热液口流出的热液的温度可以达到三四百摄氏度甚至更高，但并不意味着盲虾就可以生活在这么高的温度中并且煮不熟。实际上，沿着远离热液口的方向，温度下降得非常迅速，离开热液口不到3厘米的地方温度就可以降到让盲虾生存。因此盲虾的生活水域温度实际上远远低于热液的温度，为2.8~40℃。这就好比一群人围着篝火跳舞，篝火的温度可以达到几百摄氏度，但人跳舞区域的温度要低得多。

奇特的摄食方式

为了填饱肚子，深海盲虾发展出了奇特的摄食方式。有一部分深海盲虾是聪明的牧民，在头部的腮室里常常"饲养"着许多化能自养性微生物。盲虾的腮室是化能自养微生物非常适宜的居住地，微生物利用热液中的硫化氢等还原性物质获取能量。当这些微生物长到一定厚度时，盲虾会利用钳子将其刮下来作为食物。盲虾还会随着环境的变化快速移动以寻找最适宜的生存条件，一面寻找"热液烟囱"外壁处富含硫化氢和氧的地方，一面逃避致命的高温。还

黑暗海底小精灵

虽然深海没有阳光，但热液喷口本身会发出微弱的热辐射。在这样昏暗的环境之下，为了趋利避害，盲虾进化出了奇特的视觉系统：眼睛已经完全退化，却在背部进化出了对光非常敏感的"眼点"组织，其中含有大量的感光色素，用于探测微弱的光。但这些"眼点"没有成像功能，不能辨别出物体的轮廓。盲虾根据"眼点"组织探测到的热液口的辐射来判断与热液口的距离。由于热液的喷发不稳定，因此盲虾需要通过不断调整位置来寻找适合与其共生的细菌生长的最佳温度，同时还要避免致命高温的灼烧。因此，"眼点"对于盲虾的生存至关重要。由于已经适应了海底黑暗的环境，盲虾的视觉组织非常脆弱，深潜器或水下机器人发出的光就可以导致这些"眼点"永久性损坏。这是一群见不得光的黑暗海底小精灵。

盲虾

有的科学家认为，有些盲虾胃中共生的细菌会将硫化亚铁氧化并合成有机物供盲虾食用。

当然，并不是所有的深海盲虾都是以共生的化能自养细菌为食的，有些种类的盲虾也会捕食其他动物或者浮游生物，或者以其他动物的尸体为食。更奇特的是，还有些盲虾可以根据环境改变其食性。当它们以很高的种群密度聚集在一起时，细菌是它们的主要食物来源；但是分布比较稀疏时，它们又变成肉食者，会捕食蜗牛，以及其他甲壳类动物，甚至会残忍地捕食同类。

与细菌生死相依的贻贝

人们常说"饭前要洗手,病菌不入口",因此很多人认为,细菌都是有害的。的确,有不少细菌对生命体都是有害的。但是在深海热液与冷泉这两种特殊的环境中,却生活着一种天生不怕细菌的深海贻贝。它们不但不怕细菌的"毒害",反而与细菌"同生共死,相依为命"。

深海贻贝吃什么

贻贝是一种双壳类软体动物。这一类海洋生物属于滤食性物种,以浮游生物和有机碎屑为食,但是在阳光到达不了的深海,几乎没有或只有少量的浮游生物和有机碎屑,那么深海贻贝是怎样填饱"肚子"、茁壮生长的呢?

在深海贻贝体内寄居着大量化能自养微生物。深海环境中的还原性化学物质(如甲烷、硫化物等),通过贻贝身体中分枝状的小触手进入鳃中。这时"定居"其中的各类化能自养微生物将这些化学物质氧化,从而获得自身生命活动的能量。这些无机化能自养微生物"吃饱"后,为了"感谢"贻贝给它们提供"自助餐厅与住所",通过自身特有的一些功能,以分泌有机质或溶菌作用的方式,反过来提供一些营养物质,以报答它们的宿主——深海贻贝。

虽然热液与冷泉环境中都分布有深海贻贝,但它们在生物分类学上却隶属于不同的种属,在数量和生理代谢特征上也有很大的差异。在冷泉区分布的深海贻贝要远远多于热液环境,甚至能形成大片的深海贻贝床。

不离不弃，生死相依

深海贻贝与生活在其体内的细菌分工明确、相互协作，构成了一种相互依赖、互利共生的关系。深海贻贝为其体内共生的细菌提供了一个稳定的生存环境，并提供用于无机化能自养的化学物质（包括甲烷、硫化物等）；细菌通过一系列的化学作用合成糖类等有机化合物或者其他具有丰富能量的物质来回报深海贻贝的"收留之恩"。若深海贻贝体内寄生的细菌死亡，深海贻贝就会因为无法获得食物而被饿死；反之，若深海贻贝死亡，细菌就变得"居无定所，四处漂泊"，无法摄取海水中的还原性化学物质，同样也会"饿死"。细菌与深海贻贝之间正可谓是"不离不弃，生死相依"。

深海贻贝怎么"解毒"

深海热液中含有大量的重金属及硫化物等有毒有害物质，普通生物根本无法在这里生存。深海贻贝为什么不惧怕这些毒害呢？原来，它们体内含有大量与重金属有关的蛋白质（如金属硫蛋白等），这些蛋白质会与海水中的重金属离子相结合，从而化解重金属离子对深海贻贝组织的毒性作用。而对于环境中的硫化氢的毒害，深海贻贝又有自己独特的解毒"利器"：在深海贻贝与海水直接接触的鳃组织上，含有一种复杂的化学物质（氨乙基亚磺酸）。虽然这种化学物质的来源还不是十分清楚，但是它的作用却是明显的，即它会与硫化氢反应，生成另外一种对深海贻贝组织没有毒害的物质。就这样，深海贻贝顺利地解决了环境中有毒物质的毒害，从而"茁壮"生长。

在冷泉区，含有大量的甲烷和硫化物，生活在其中的深海贻贝也通过相似的方式化解其中的有毒有害物质，保证自己的生存。

贻贝、管状蠕虫、蛤类、海星、海胆、海虾是深海热液与冷泉环境中最常见的动物。

华贵的螃蟹军团

不管是温度高达300~400℃，充斥有毒气体和重金属元素的海底热液口，还是温度与周围海水类似，喷出富含甲烷、硫化氢或二氧化碳流体的冷泉区，都是孕育着各种生命的"绿洲"。从初级的依靠流体化学组分生存的微生物到多种多样的热液冷泉动物群，组成了一个完整的食物链。而在这个食物链最顶端的捕食者中，有一支华贵的"螃蟹军团"。它的主要成员包括：深海蟹科下的全部种属，石蟹科和蜘蛛蟹科下的部分种属，基瓦科下的基瓦多毛怪（又称"雪人蟹"）。

热液口的土著

深海蟹科，是目前发现的唯一一种热液口的"土著居民"，隶属十足目下的短尾亚目，包含六个属十多个种，它们有着特殊的热液环境适应机制。热液口存在于较深的海底，是一个超高压的环境，但深海蟹科却可以在这里历代繁衍，它的生存"秘密"是什么呢？原来，科学家发现它体内有一种叫热休克的蛋白。在细胞内，这种蛋白扮演着"高压卫士"的角色，它能阻止新合成的多肽折叠与有毒蛋白的形成，帮助细胞膜之间的正常交换，从而使其适应高压环境。还有的研究指出，深海蟹类体内合成的金属硫蛋白对其适应环境也起到重要的作用。

除了高压之外，同样不能忽视的是，热液是一种富含硫化物的有毒流体。一般的海水生物碰到都会躲得远远的，而在热液口土生土长的蟹应对自如，它的"武器"就是存在于体内的排毒系统。科学家曾对深海蟹科的一个种属做过研究，发现其肝胰腺中的硫化物排毒系统可以利用氧化酶将硫化物氧化，转化为硫代硫酸盐和硫酸盐，从而达到适应这里环境的目的。

庞大的"流动居民"

热液口和冷泉区域"食材"丰盛，除了热液口的本地居民之外，经常会有躯体庞大的"流动居民"——石蟹科和蜘蛛蟹科下的帝王蟹、蜘蛛蟹等，过来"蹭饭"。科学家曾于1978年在东南太平洋的胡安·德富卡洋脊热液喷口处看到200多只外形酷似蜘蛛的螃蟹成群结队地在海底移动，它们动作敏捷，气势汹汹。在热液口周围的环境里，蜘蛛蟹是这里当之无愧的"王者"。科学家也曾经抓到它们进行解剖，发现它们的胃里充满着各种热液口的生物。另外，在加利福尼亚湾处的热液口以及蒙特利湾和墨西哥湾的冷泉区等地，科学家也发现了石蟹科下种属的活动踪迹。但这些外来物种的适应能力没有本地物种强，所以它们不会长期居住在这里。

在热液口发现非本地蟹类不仅具有重要的生态学意义，同时也具有重要的科研价值。深海对大型无脊椎动物来说，是一个贫营养的环境，海水深度超过一定界限时，通常大型蟹的踪迹非常稀罕，而热液口和冷泉区是一个特例。距离越靠近热液口或冷泉区，它们的数量就越多。科学家曾经对在东太平洋隆起处的一个刚喷发的热液口开展过连续几年的生物量观测。在刚喷发的第一年里，这里"营养物质"（硫化氢和金属元素含量等）增加，本地物种数量也随之增加。帝王蟹、蜘蛛蟹等大型动物的数量也慢慢增加。喷发几年后，硫化氢等含量慢慢减少，这些帝王蟹、蜘蛛蟹等大型动物的数量也逐渐减少。因此，科学家常常将帝王蟹和蜘蛛蟹的存在当作判断附近有无热液或冷泉喷口的生物信号。

深海雪人蟹

有一种经常在热液、冷泉区出现的蟹，叫做雪人蟹，隶属铠甲虾总科。在2005年的一次深潜中，科学家乘坐潜水器下潜到南太平洋2000米的深度时，发现海底冒着黑烟的烟囱体上布满了一群白色的、密密麻麻的甲壳类海洋生物。它们矮胖，没有视力，浑身布满"毛发"，这是雪人蟹第一次被人类发现。在后来的海底探测中，雪人蟹的家族成员不断增加，如2006年在海底冷泉处发现一个雪人蟹新物种，2010年在南极海域2400米深处发现"霍夫蟹"等。

雪人蟹

在海底热液口经常看到的景象是雪人蟹成千上万地聚集在一起，密密麻麻趴在热液区域的烟囱壁上不停地蠕动。热液的顶部，温度最高，常被体型最大的成年雄蟹占据，在它们下面是未成年的雄蟹，最下面一层是体型较小的母蟹。

生活在南极洲的雪人蟹

雪人蟹分布极广，不仅在太平洋、大西洋、印度洋，甚至南极洲也有发现。在南极洲东斯科舍洋脊热液口发现雪人蟹的踪迹让科学家感到非常吃惊。因为这里的热液口不同于其他大洋，这里没有管状蠕虫，没有贻贝和虾，营养物质也相对比较匮乏。这里的雪人蟹，几乎一生被禁锢在热液烟囱壁上而不能移动，因为它们对温度十分敏感，而周围的海水温度太低，它们的活动区域只有热液喷口处的一小块地方，只有母蟹会在产卵的时候转移到周围的海水中去。

迄今为止，在世界不同的热液、冷泉区已经发现几种不同种类的雪人蟹，虽然种类数量较少，但科学家已经做过相对完善的系统发育分析。根据对不同种类的雪人蟹DNA分析发现，雪人蟹和铠甲虾是近亲，起源于太平洋的东部，而后扩大地域到印度洋的西部，它们的祖先至少距今4000万到3500万年。基因分析表明，热液口和冷泉区中发现的雪人蟹为同一物种，这就意味着雪人蟹的祖先可能生存于非极端环境中，而后移动到热液口和冷泉区附近。

未解之谜

科学家还有很多问题没有搞清楚，比如相邻的烟囱体，隔了几千米远，这种嗜热的雪人蟹是如何分布到不同的烟囱体上的？冷水中的幼虫是如何到达烟囱体上的？同一个祖先的物种是如何分布于世界上不同大洋的热液口和冷泉区的……科学家能猜测的仅仅是这些物种的分布跟地质历史是相关的，但具体是如何演化的，还需要不懈的探索。

图书在版编目(CIP)数据

海底是漏的 / 彭晓彤编著. —上海：少年儿童出版社，
2018.4
（深海探索）
ISBN 978-7-5589-0225-3

Ⅰ.①海… Ⅱ.①彭… Ⅲ.①海底—普及读物
Ⅳ.①P737.2-49
中国版本图书馆CIP数据核字（2017）第162661号

部分图片无法联系上著作权人，请与出版社联系。

深海探索
海底是漏的

汪品先　主　编
彭晓彤　编　著
陈艳萍　装　帧

责任编辑　熊喆萍　　美术编辑　陈艳萍
责任校对　陶立新　　技术编辑　陆　赟

出版发行　少年儿童出版社
地址　上海延安西路1538号　邮编200052
易文网 www.ewen.co　少儿网 www.jcph.com
电子邮件　postmaster@jcph.com

印刷　上海锦佳印刷有限公司
开本　787×1092　1/16　印张 3
2018年4月第1版第1次印刷
ISBN 978-7-5589-0225-3/N·1066
定价　30.00元

版权所有　侵权必究
如发生质量问题，读者可向工厂调换

《深海探索》丛书的创作团队均为专业的深海科研人员，书中介绍的深潜、深钻、深网、深海热液等知识都是深海科学研究的热点问题。《深海探索》丛书的出版对于增强青少年的"海洋意识"意义深远！

——潘德炉

（海洋遥感专家、中国工程院院士）

人类对于深海的认识仅仅在近些年才取得显著的进展，因此目前介绍深海知识的科普书籍很少，适合青少年的更是凤毛麟角。《深海探索》丛书将深奥严肃的科学问题，用鲜活的语言、图文并茂的形式展现出来，是一套不可多得的少儿科普图书！

——焦念志

（海洋微型生物生态学家、中国科学院院士）

汪品先

中国科学院院士，海洋地质学家，同济大学海洋与地球科学学院教授。专长古海洋学和微体古生物学，主要研究气候演变和南海地质，致力于推进我国深海科技的发展。1999年在南海主持实施了中国首次大洋钻探。

彭晓彤

博士，深海科学与工程研究所首席科学家、深海科学研究部主任，博士生导师，主要研究深海地质地球化学与原位探测技术。多次搭载"阿尔文号"和"蛟龙号"载人深潜器下潜开展科学研究。曾担任第六版《十万个为什么》海洋分册副主编。

上架建议：少儿科普
ISBN 978-7-5589-0225-3

定价：30.00元
易文网：www.ewen.co

市场
调查与预测

唐 文 ■ 主 编

马 俊 刘 舒 吴 颖 ■ 副主编

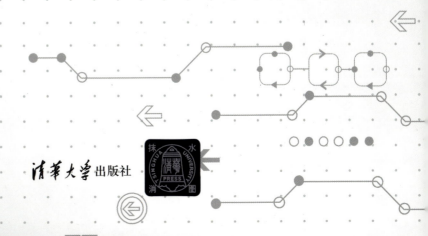